DINOSAURIOS SUPERINCREÍBLES

BLACK RABBIT BOOKS

MEG GREVE

ÍNDICE

1. El braquiosaurio 4

2. El tiranosaurio rex 6

3. El parasaurolofus 10

4. El quetzalcoatlus 13

5. El estegosaurio 16

6. El triceratops 19

Más para explorar 21

1

El braquiosaurio

¿Cuál es el ser vivo más grande que ha pisado la Tierra? ¡El braquiosaurio! Tenía cuatro patas gruesas. Tenía un cuello largo. Este antiguo dinosaurio era el doble de alto que una jirafa.

El braquiosaurio se alimentaba de plantas. Vivía en manadas. Los dinosaurios más jóvenes eran presas fáciles. Muchos no vivieron tanto tiempo. Los adultos más fuertes pueden haber protegido a los jóvenes. Los adultos eran temibles para la mayoría de los depredadores. Eran demasiado grandes para derribarlos.

Piensa en esto
¿Qué otros animales viven en manada?

El tiranosaurio rex

2

El tiranosaurio rex puede que sea el más famoso de todos los dinosaurios. Fue el dinosaurio más grande de su época. También era un feroz depredador.

El tiranosaurio rex tenía dientes puntiagudos. Mordían hasta el hueso. Los dientes apuntaban hacia atrás y sujetaban la presa.

Muchos creen que el tiranosaurio rex sacudía a las presas más pequeñas. Luego se las comía enteras. Las presas más grandes eran lastimadas primero. Sus brazos cortos ayudaban a sujetarlas. La presa no podía huir.

3

El parasaurolofus

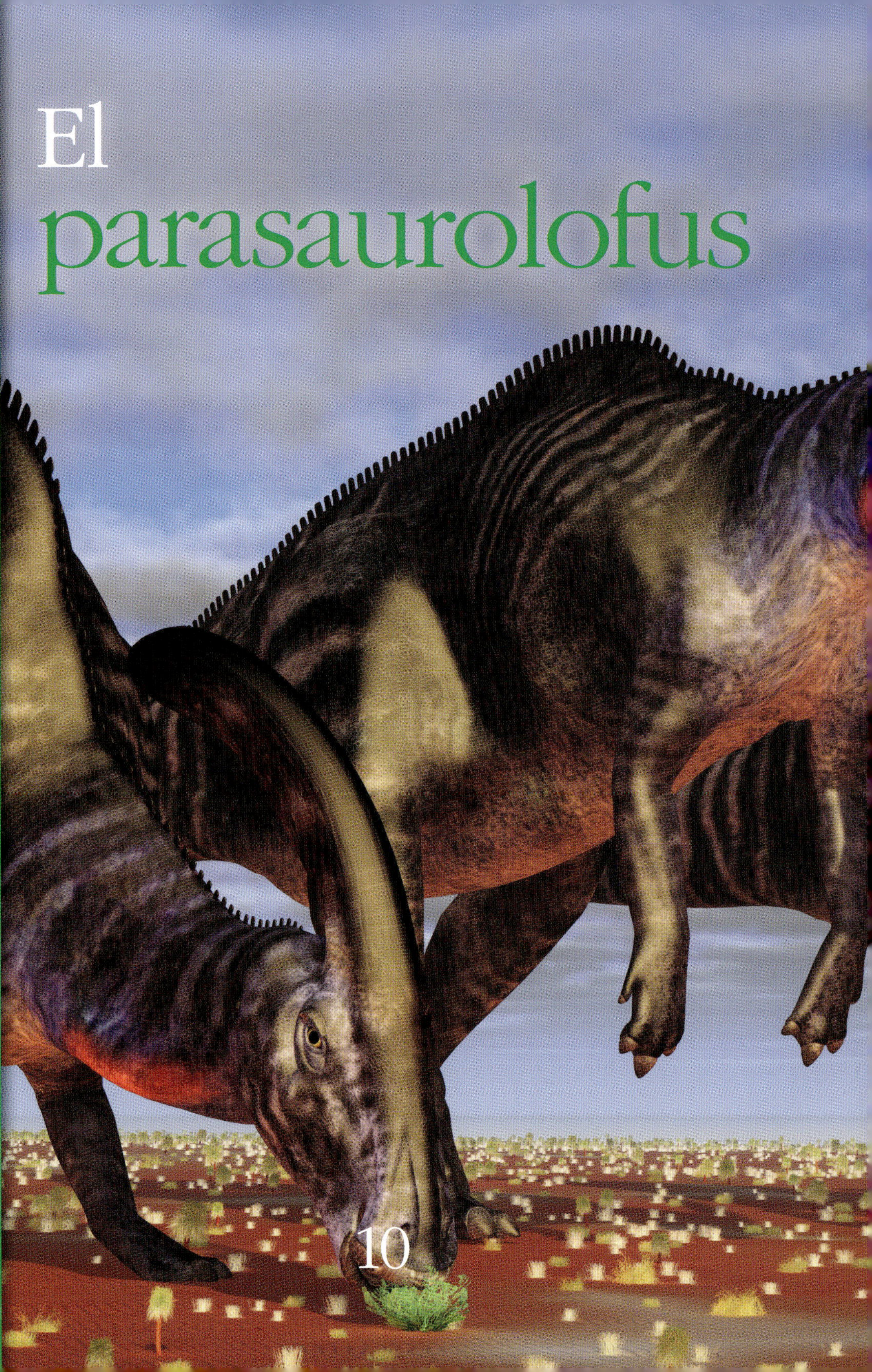

El parasaurolofus tenía una cresta en la parte superior de la cabeza. Medía hasta 6 pies (1,8 metros) de largo. Era curva y hueca. El dinosaurio soplaba aire a través de ella para emitir sonidos. ¡Hacía mucho ruido!

Este dinosaurio era casi tan grande como un tiranosaurio rex. Tenía un cuerpo fuerte y hombros grandes. Se abría paso entre los arbustos en los bosques profundos. Podía correr hasta 25 millas (40 kilómetros) por hora. Tenía un pico afilado y cientos de dientes.

¿Sabías que…?

El parasaurolofus tenía una gran vista y oído. Los depredadores no podían sorprenderlo fácilmente.

El quetzalcoatlus

4

Imagina ver volar a un animal tan grande como una jirafa. ¡Ese es el quetzalcoatlus! Era un reptil volador. Era el más grande de su especie.

Este animal sigue siendo un misterio. Muchos piensan que volaba batiendo sus alas. Otros piensan que planeaba desde altos acantilados.

El quetzalcoatlus se alimentaba de otros dinosaurios. Algunos piensan que cazaba desde el cielo. Otros creen que cazaba en la tierra. Es posible que se alimentara de dinosaurios más pequeños, peces o animales muertos.

¿Sabías que...?

¡Los científicos creen que este reptil podía volar a 80 millas (128 km) por hora!

5

El estegosaurio

El estegosaurio parecía más aterrador de lo que realmente era. Tenía una doble fila de placas desde el cuello hasta la cola. Estas placas eran para atraer a una pareja. También tenía una cola con púas. Las púas eran un arma. El estegosaurio golpeaba con su cola a los depredadores.

El estegosaurio podría haber tenido dos cerebros. Uno era para controlar partes del cuerpo como el corazón y el estómago. El otro controlaba el caminar y el balanceo de la cola.

Piensa en esto

¿Por qué sería útil tener dos cerebros en lugar de uno?

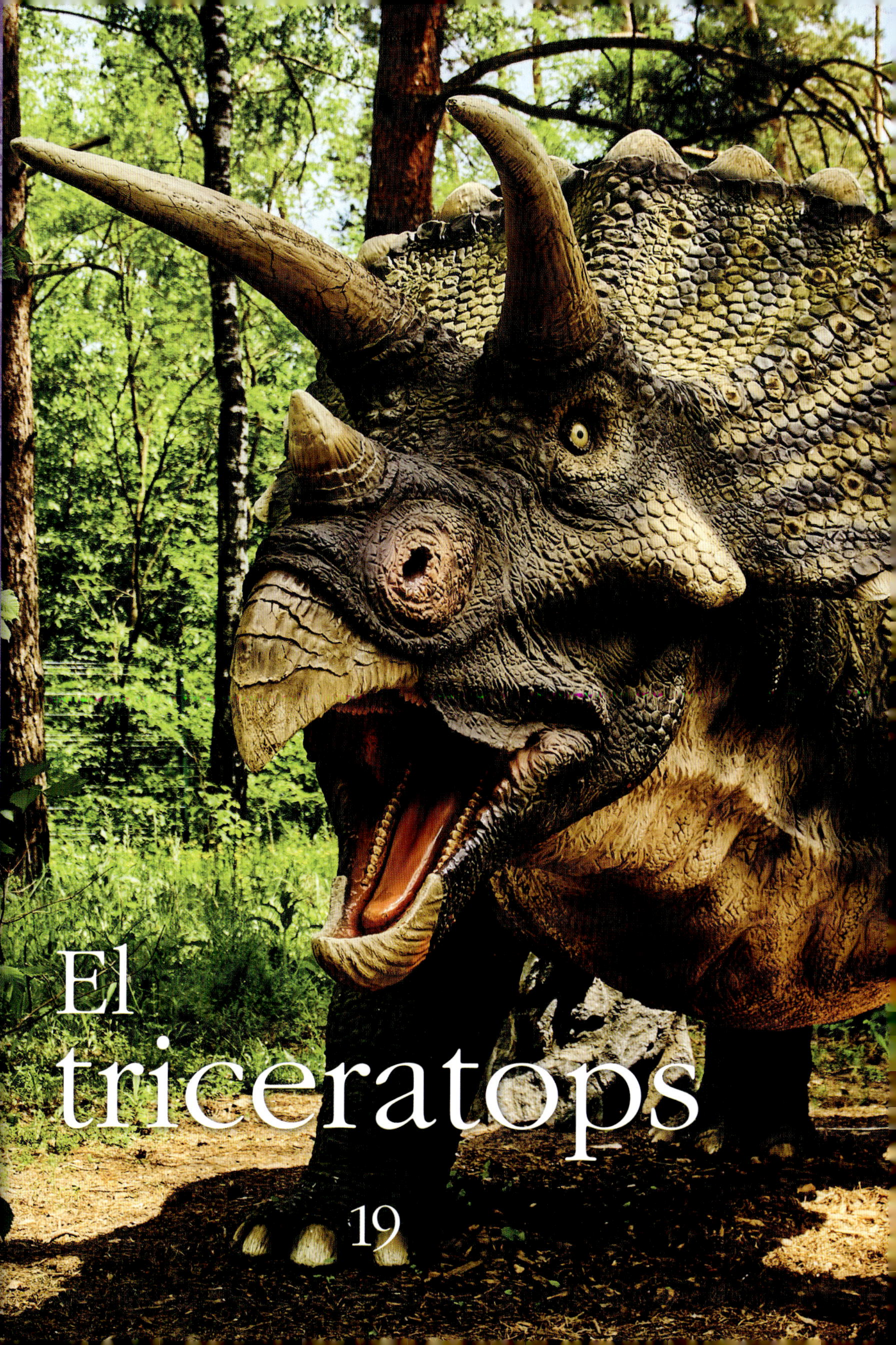

6

El triceratops

El triceratops tenía tres cuernos y un gran escudo. Ambos le servían para protegerse y encontrar pareja. Los cuernos rotos o desgastados volvían a crecer.

Se han encontrado muchos cráneos de triceratops. ¡Algunos tienen marcas de mordeduras de un tiranosaurio rex! Los triceratops tenían cráneos muy gruesos y sólidos. Medían más de 6 pies (1,8 m) de largo.

El triceratops utilizaba su pico afilado para cortar helechos y palmeras. Sus dientes eran como tijeras. Cortaban las plantas en trozos más pequeños antes de tragarlas.

Piensa en esto

Las letras "tri" significan tres. El triceratops tiene tres cuernos. ¿Qué otras palabras comienzan con "tri" y tienen tres cosas?

¿DÓNDE SE HAN ENCONTRADO FÓSILES?

BRAQUIOSAURIO
Utah, Colorado, Tanzania
(no aparece en el mapa)

QUETZALCOATLUS
Texas

ESTEGOSAURIO
Colorado, Utah, Wyoming

TIRANOSAURIO REX
Montana, Dakota del Sur, Wyoming, Canadá
(no aparece en el mapa)

PARASAUROLOFUS
Utah, Nuevo México, Canadá

TRICERATOPS
Dakota del Norte, Wyoming, Canadá
(no aparece en el mapa)

MÁS PARA EXPLORAR

DATOS FANTÁSTICOS

Los dinosaurios vagaron por la Tierra entre 245 y 66 millones de años atrás.

Hay tres períodos de tiempo en los que vivieron los dinosaurios: el Triásico, el Jurásico y el Cretácico.

Los humanos no vivieron cuando vivieron los dinosaurios, pero algunos pequeños mamíferos sí.

Uno de los fósiles de dinosaurio más completos es el de un tiranosaurio rex. Puedes verlo en el Museo Nacional Smithsonian en Washington, DC.

Los científicos han descubierto que las aves y los dinosaurios están relacionados.

La palabra "estegosaurio" significa lagarto con tejado.

MÁS PARA EXPLORAR

COMPARACIONES INTERESANTES

Quetzalcoatlus
12 pies (3,6 m) de alto
40 pies (12 m) de envergadura
Período Cretácico

Triceratops
10 pies de alto (3 m)
30 pies (9 m) de largo
Período Cretácico

Estegosaurio
13 pies (4 m) de alto
30 pies (9 m) de largo
Período Jurásico

Parasaurolofus
15 pies (4,6 m) de alto
33 pies (10 m) de largo
Período Cretácico

Braquiosaurio
43 pies (13 m) de alto
80 pies (24 m) de largo
Período Jurásico

Tiranosaurio rex
40 pies (12 m) de alto
12 pies (3,6 m) de largo
Período Cretácico

MÁS PARA EXPLORAR

RECURSOS

Glosario

antiguo De hace mucho tiempo.

cresta Un crecimiento que sobresale en la cabeza de un animal.

escudo El hueso que rodea el cuello de un animal.

pareja Uno de un par que se une para producir crías.

placa Un hueso liso y plano.

reptil Un animal de sangre fría que respira aire y tiene columna vertebral; la mayoría de los reptiles ponen huevos y tienen la piel escamosa.

Índice alfabético

carnívoros, 8, 14
crestas, 11
cuernos, 20
dientes, 8, 11, 20
dieta, 5, 8, 14, 20
manadas, 5
protección, 5, 17, 20
tamaño, 5, 8, 14, 23
volar, 14, 15

TOP RANK es publicado por Black Rabbit Books, P.O. Box 227, Mankato, MN, 56002.

• Top Rank un sello de Black Rabbit Books • Editado de Alissa Thielges • Diseño de Danny Nanos • Fotografías © Alamy Stock Photo/Sergey Krasovskiy/Stocktrek Images, 9, 21; Dreamstime/Paul Moore, cover; Getty Images/Dorling Kindersley, 6–7, 23; Shutterstock/Catmando, 10, Elenarts, 18, Kostiantyn Ivanyshen, 4, 21, lucky eyes, 5, 23, Michael Rosskothen, 13, 15, 16, 21, 23, Noiel, 2, Roberto Dani, 14, sruilk, cover, 8, Ton Bangkeaw, 11, 12, 20, 21, 23, Vladimir Bolokh, 17, 19, 21, 23 • Impreso en China

Library of Congress Cataloging-in-Publication Data: Names: Greve, Meg, author. | Title: Dinosaurios superincreíbles / by Meg Greve. | Description: Mankato, MN: Black Rabbit Books, [2025] | Series: Animales superincreíbles | Includes index. | Ages 8–11 | Audience: Grades 2–3 | Identifiers: LCCN 2024023506 | ISBN 9781644667521 (library binding) | ISBN 9781644667613 (paperback) | ISBN 9781644667699 (ebook) | Subjects: LCSH: Dinosaurs—Juvenile literature. | Classification: LCC QE861.5 .G757418 2025 | DDC 567.9—dc23/eng/20240617